BEI GRIN MACHT SICH IHR WISSEN BEZAHLT

AF145147

- Wir veröffentlichen Ihre Hausarbeit,
  Bachelor- und Masterarbeit

- Ihr eigenes eBook und Buch -
  weltweit in allen wichtigen Shops

- Verdienen Sie an jedem Verkauf

Jetzt bei www.GRIN.com hochladen und kostenlos publizieren

Bibliografische Information der Deutschen Nationalbibliothek:

Die Deutsche Bibliothek verzeichnet diese Publikation in der Deutschen National-bibliografie; detaillierte bibliografische Daten sind im Internet über http://dnb.d-nb.de/ abrufbar.

Dieses Werk sowie alle darin enthaltenen einzelnen Beiträge und Abbildungen sind urheberrechtlich geschützt. Jede Verwertung, die nicht ausdrücklich vom Urheberrechtsschutz zugelassen ist, bedarf der vorherigen Zustimmung des Verlages. Das gilt insbesondere für Vervielfältigungen, Bearbeitungen, Übersetzungen, Mikroverfilmungen, Auswertungen durch Datenbanken und für die Einspeicherung und Verarbeitung in elektronische Systeme. Alle Rechte, auch die des auszugsweisen Nachdrucks, der fotomechanischen Wiedergabe (einschließlich Mikrokopie) sowie der Auswertung durch Datenbanken oder ähnliche Einrichtungen, vorbehalten.

Impressum:

Copyright © 2018 GRIN Verlag
Druck und Bindung: Books on Demand GmbH, Norderstedt Germany
ISBN: 9783668727106

Dieses Buch bei GRIN:

https://www.grin.com/document/428964

Locke M.

Digitale Medien im Mathematikunterricht

GRIN Verlag

GRIN - Your knowledge has value

Der GRIN Verlag publiziert seit 1998 wissenschaftliche Arbeiten von Studenten, Hochschullehrern und anderen Akademikern als eBook und gedrucktes Buch. Die Verlagswebsite www.grin.com ist die ideale Plattform zur Veröffentlichung von Hausarbeiten, Abschlussarbeiten, wissenschaftlichen Aufsätzen, Dissertationen und Fachbüchern.

Inhaltsverzeichnis

1. Einleitung

Ob Smartphones, Apps oder Games – digitale Medien nehmen in der Gesellschaft eine zentrale Rolle ein und sind ein Teil unseres Lebens geworden. Sie sind so gut wie in allen Privathaushalten vorhanden und werden von allen Familienmitgliedern genutzt. Kinder und Jugendliche wachsen heutzutage mit den digitalen Medien auf. Die digitalen Medien verändern auch die Art und Weise, wie Menschen lernen und lehren. Für den Lernerfolg der Schülerinnen und Schüler (im Folgenden SuS) ist es besonders wichtig, dass der Unterricht nicht nur angemessen, sondern auch interessant gestaltet wird. Viele Schulen versuchen inzwischen digitale Medien wie Whiteboards, Tablets, Leraningapps und digitale Werkzeuge in den Unterricht zu integrieren. Der Einsatz der digitalen Medien steigert dadurch nicht nur die Motivation der SuS, sondern erleichtert auch das Unterrichten und schafft dabei eine lernfördernde Atmosphäre. Aber sie bietet nicht nur viele Vorteile, sondern bringt auch Risiken mit sich. Denn der einfache Einsatz allein reicht nicht aus, um den Unterricht zu bereichern und lernförderlich zu sein, es geht vielmehr um den richten Einsatz dieser Medien. Wie digitale Medien effektiv im Unterricht genutzt werden können und warum der Medieneinsatz den Mathematikunterricht bereichert, möchte ich in dieser Seminararbeit an unterschiedlichen Beispielen verdeutlichen.

Die vorliegende Seminararbeit gliedert sich somit in drei Abschnitte. Im ersten Abschnitt wird der Begriff „Medien" definiert. Anschließend werden die Arten von Medien besprochen, wobei die wichtigsten Merkmale und Charakteristiken der klassischen, als auch der digitalen Medien vorgestellt werden. Der didaktische Einsatz im Mathematikunterricht bleibt dabei nicht unerwähnt. Im zweiten Abschnitt dieser Arbeit wird der sinnvolle Einsatz der digitalen Medien im Mathematikunterricht besprochen. Dazu werden erst einmal die grundsätzlichen Fragen wie; wozu der Computereinsatz dienen soll; wann der richtige Zeitpunkt für den Einsatz ist und wer das Medium bedient, geklärt. Danach werden anhand von Beispielen den sinnreichen Einsatz verschiedener Medien an unterschiedlichen Zeitpunkten zweier Unterrichtsreihen, gezeigt. Abschließend wird im letzten Abschnitt kurz einmal die Risiken beim Computereinsatz im Mathematikunterricht noch angesprochen und Möglichkeiten erwähnt, wie diese zu vermeiden sind.

2. Theoretische Grundlagen

2.1 Definition von Medien

Der Begriff Medium stammt aus dem lateinischen und bedeutet in seiner ursprünglichen Übersetzung „Mitte". Medien fungieren heute, ähnlich zu ihrer ursprünglichen Bedeutung, als „Mittler". Sie helfen beim Erkunden neuer Zusammenhänge und beim Systematisieren von Erkenntnissen. Im Unterricht unterstützen sie den Lehrenden beim Vermitteln neuer Sachverhalte und den Lernenden beim Verstehen komplexer Zusammenhänge (vgl. Barzel & Weigand 2008: 4). Folglich sind Medien Hilfsmitteln um die Ziele des Unterrichts zu erreichen. Sie übernehmen im Lehr-Lernprozess verschiedene Funktionen und werden im Allgemeinen zur Informationsverbreitung, zur Organisation von Lehr- und Lernprozessen sowie zur Kommunikation genutzt (vgl. Bescherer & Vogel 2002: 10). Dabei spielt es keine Rolle ob digitale oder traditionelle Medien eingesetzt werden, solange das Unterrichtsziel erreicht wird.

2.2 Arten von Medien

Medien für den Mathematikunterricht können in zwei Kategorien unterteilt werden, zum einen in traditionelle/klassische Medien und zum anderen in neue bzw. digitale Medien. Im Folgenden werden die wichtigsten Merkmale und Charakteristiken beider Formen kurz vorgestellt, wobei in dieser Seminararbeit der Blick insbesondere auf die digitalen Medien gerichtet sein wird.

2.2.1 Traditionelle Medien

Als traditionelle Medien werden Schulbücher, Wandtafeln, Arbeitsblätter, Overheadprojektoren, Anschauungsmodelle, Zirkel und ähnliche Arbeitsmittel bezeichnet. Schulbücher haben einen hohen Stellenwert und sind eines der wichtigsten Werkzeuge des Unterrichts. Sie können zu unterschiedlichen Zeitpunkten eingesetzt werden, ermöglichen individuelles und differenziertes Lernen in verschiedenen Sozialformen und erfüllen je nach Einsatzform und Verwendung unterschiedliche Aufgaben. Ein Schulbuch kann unter anderem als Arbeitsbuch dienen, als Nachschlagewerk genutzt werden, eine Quelle für Wissensaneignung sein und Lerninhalte ausführlich darstellen. In diesem Zusammenhang ist zu beachten, dass die eingesetzten Schulbücher den Lehrplänen der jeweiligen Bundesländer entsprechen und dass die Inhalte für die Schüler geeignet sind (vgl. Roigk 2010: 11f.)

Die Wandtafel stellt eines der ältesten traditionellen Medien im Unterricht dar. Sie ist einfach zu bedienen, da kein Vorwissen notwendig ist. Sie ist in jeder Phase einsetzbar, da sie in der Regel immer zur Verfügung steht. Der Ablauf der Unterrichtsstunde lässt sich leicht festhalten. Fehler können schnell behoben werden. Ein Vorteil der Tafel ist zudem ihre Kombinationsmöglichkeit mit anderen Medien. Beispielsweise können Poster/Plakate an der Tafel befestigt werden während zugleich Ergebnisse einer gemeinsamen Besprechung darauf zusammengetragen werden können.

Die Arbeitsblätter gehören zu den gebräuchlichsten unter den traditionellen Medien. Sie können wie die Wandtafel und das Schuldbuch in allen Arbeitsphasen des Unterrichts eingesetzt werden. Arbeitsblätter können informieren, Lehrinhalte vertiefen oder auch kontrollieren. Häufig werden Arbeitsblätter mit dem OHP zusammen genutzt, denn die Kombination mit dem OHP kann den Einsatz von Arbeitsblättern sinnvoll ergänzen. Falls das Transparent auf dem OHP mit den Arbeitsblättern übereinstimmt, können die Lernenden mit der Lehrperson zusammen die Aufgaben auf den Arbeitsblättern bearbeiten oder mithilfe des Transparentes die Lösungen bzw. Lösungsschritte der Aufgaben besser abgleichen. Das OHP ermöglicht also nicht nur die Projektion fertiger Transparente, sondern auch ihre Weiterbearbeitung. Außer dem OHP gibt es noch weitere Projektionsgeräte, welche attraktive Ergänzungen für Visualisierungen im Unterricht anbieten, damit der Mathematikunterricht bereichert und das Lernen und Verstehen im Unterricht unterstützt werden kann. (vgl. Girwidz 2015: 216-227).

2.2.2 Digitale Medien

Wie oben schon erwähnt, werden unter dem Begriff neue Medien vor allem digitale Medien verstanden. Allerdings ist der Ausdruck "neu" für die digitalen Medien nicht ganz zeitgemäß, da schon mehr als 30 Jahre vergangen sind, seitdem der Mensch sich mit dem Computer angefreundet hat. Mit dem Begriff „neu" sind hier vielmehr die neuen Anwendungsmöglichkeiten der digitalen Medien zu verstehen, die im Zuge der fortschreitenden Modernisierung ermöglicht werden. (vgl. Petko 2014: 18).

Digitale Medien ermöglichen das Speichern, Verarbeiten, Verbreiten und Ordnen von Informationen auf eine einfache Weise. Mit ihrer Allgegenwärtigkeit wird zum einen die Kommunikation zwischen Individuen ermöglicht bzw. erleichtert, zum anderen entstehen mit ihnen neue produktive Arbeitswerkzeuge (vgl. Petko 2014: 18ff.). Digitale Medien bieten die Gelegenheit sich von Routinearbeiten zu entlasten und explorativ sowie kreativ zu arbeiten. Sie können bei der Auseinandersetzung mit realistischen Anwendungssituationen und dem Vernetzen von Inhalten unterstützen. Sie können helfen, das funktionale Denken zu trainieren. Vor allem abstrakte Gedankengänge und Denkprozesse, die wichtig für die Lösung von mathematischen Aufgaben sind, können mit diesen veranschaulicht werden. Für das Nachvollziehen von Lösungsschritten werden so weitere Sinne der Lernenden eingebunden (vgl. Leuders 2011: 199, 206).

Der größte Unterschied von digitalen zu traditionellen Medien ist, dass die Terme, Graphen, Tabellen und Konstruktionen viel schneller und einfacher erstellt werden können. Die mathematischen Objekte können interaktiv verknüpft werden. Die Abhängigkeit zwischen diesen Objekten sind dann dynamisch erkundbar. Damit steigt die Qualität der Arbeitsweise im Mathematikunterricht (vgl. Barzel & Weigand 2008: 5).

Als digitale Medien zählen neben den Präsentationsmedien, wie z.b. Beamer, interaktive Tafel oder Internet, auch Computerprogramme. Da die Bandbreite an digitalen Medien groß ist, ist es sinnvoll sie nach gewissen Kategorien zu unterscheiden. Anhand der Frage: „ist das Medium generell für verschiedene Situationen oder nur für spezielle Themen einsetzbar?" (Barzel 2008: 5) lassen sich digitale Medien in Lernumgebungen und digitale Werkzeuge klassifizieren (vgl. Barzel 2008: 5).

Lernumgebungen

Lernumgebungen sind eher für den lokalen Einsatz im Unterricht, also für einzelne Unterrichtsstunden belangvoll. Sie bezwecken die Weiterentwicklung der Kompetenzen in einem Thema und haben ein fachliches Ziel im Auge. Sie können sowohl offene Aufgabenstellungen als auch strukturierte Vorgehensweisen beinhalten und können sogar die Nutzung eines digitalen Werkzeugs miteinbinden. Zu Lernumgebungen gehören Lernprogramme sowie Lernapps, interaktive Arbeitsblätter oder auch Lernpfade, die im Internet zur Verfügung gestellt werden (vgl. ebd. 5f.). Durch Lernprogramme bzw. Lernapps können SuS spielerisch zum Üben von Mathematik verleitet werden. Sowohl Kinder als auch Jugendliche finden die digitale Welt sehr anreizend und begeistern sich für digitale Medien, wodurch der Einstieg in die Beschäftigung mit Mathematik leichter fallen wird. So ist es möglich, spielerisch in die Welt der Mathematik einzusteigen.

LearningApps.org ist beispielsweise eine Internetanwendung, die eine schnelle und individuelle Aufgabengestaltung für SuS ermöglicht. Kostenlose interaktive Übungen können erstellt und auch genutzt werden, wobei verschiedene Übungsarten wie Zuordnungen, Multiple-Choice, Lückentext oder auch Kreuzworträtsel vorliegen. Diese Übungen werden als App gespeichert und können auf allen Geräten, die einen Internetzugriff haben, abgerufen werden, auch auf dem Smartphone.

Die Einsatzgebiete der Apps sind relativ unterschiedlich. Sie können zur Wiederholung von Grundwissen, zur Sprachförderung, zur Kategorisierung von Fachausdrücken, zur Ergebnissicherung und zur Verbindung der Darstellungsformen eingesetzt werden. Lernapps motivieren die SuS nicht nur zum Lernen, sondern erzeugen auch ein lernförderliches Klima. Sowohl die Hattie-Studie als auch die Publikation „mathematik lehren, Heft 186 *Mit Mathe spielen(d) lernen*" konnten bestätigen, dass eine angstfreie Atmosphäre und die unmittelbare Rückmeldung lernförderlich sind. Auch die fachliche Auseinandersetzung der Lernenden untereinander, die innerhalb der Apps zustandekommt, wirkt positiv auf den Lerneffekt (vgl. Retterath 2015: 20, 23).

Durch digitale Medien ist es heutzutage möglich, interaktive Arbeitsblätter zu erstellen und sie sogar offline zu bearbeiten. Dadurch können dynamische Aspekte in den Unterricht integriert und so die Veränderung verschiedener Figuren untersucht werden. Vor allem in der Geometrie bietet sich das Arbeiten mit interaktiven Arbeitsblättern an. Die Kombination interaktiver Arbeitsblätter mit digitalen Werkzeugen eröffnen so neue Wege, Mathematik verständlicher zu machen (vgl. Elschenbroich 2001: 31, 34). Eine schnelle Rückmeldung und auch die Bestätigung über das Erreichen von Zwischenlösungen, welches ein Erfolgserlebnis auslöst, sind sehr förderlich für den Lernprozess. Vor allem durch das selbstständige Erkunden in Konstruktionsaufgaben können Zusammenhänge entdeckt und somit nachvollzogen werden (Heintz 2011: 256f., 261).

Lernpfade sind folgerichtige Vernetzungen von Applets mit schriftlichen Arbeitsaufträgen und weiteren Materialien. Wiki-Lernpfade bei mathematik-digital ermöglichen, interaktive Unterrichtseinheiten zu erstellen. Dabei ist das Ganze nicht nur kostenlos und einfach zu bedienen, sondern auch flexibel und veränderbar. Sie können sogar nach der Veröffentlichung weiter verändert und angepasst werden. Diese Veränderbarkeit ist auch für die SuS sehr attraktiv, da sie zum Beispiel schwierige Formulierungen ändern und Fehler ausbessern können. Dies wirkt sich motivierend auf die SuS, da sie dadurch das Gefühl haben, zum Unterrichtsmaterial etwas beigetragen zu haben. Das Arbeiten im eigenen Lerntempo, die unmittelbare Rückmeldung über den Lernfortschritt und die Diskussion der mathematischen Inhalte miteinander wird von den SuS als sehr positiv empfunden, welches zu einer höheren Motivation beiträgt (vgl. Eirich & Schellmann 2008: 59-62).

Digitale Werkzeuge

Im Gegensatz zu Lernumgebungen können digitale Werkzeuge universell eingesetzt werden, sogar in verschiedenen Jahrgangsstufen und Themenbereichen. Die Werkzeuge unterstützen eine gedankliche oder reale Handlung und verstärken, wie es auch bei traditionellen Werkzeugen wie Geodreieck und Zirkel der Fall ist, die menschlichen Fähigkeiten. Digitale Werkzeuge lassen sich in verschiedene Programmarten differenzieren. Unterschieden wird in Tabellenkalkulationen (TK), Computeralgebrasysteme (CAS), dynamische Geometriesoftware (DGS) und Multi-Repräsentationssysteme (MRS), wobei die MRS ein Allrounder ist und verschiedene Oberflächen miteinander vereint (vgl. Barzel & Weigand 2008: 6).

Die Tabellenkalkulationsprogramme zählen mittlerweile zur Standardsoftware und sind auf den meisten PC's verfügbar. Die bekannteste Tabellenkalkulation (im Folgenden TK) ist MS Excel. Diese wird mit Gewinn häufig im Mathematikunterricht eingesetzt. Die zentrale Darstellungsform einer TK ist die (Werte-)Tabelle. Sie kann in relativ kurzer Zeit erstellt werden. Die Werte darin sind veränderbar und können anhand von diversen Diagrammen und Graphen visualisiert werden. Durch die Eigenschaft der interaktiven Zellenverknüpfung wird die Tabelle automatisch neu berechnet, sobald ein Wert oder Bezug verändert wird. Ebenso ändern sich die darauf basierenden Diagramme und Graphen (vgl. Wittmann 2001: 57f.). Die TK ermöglicht die Verbindung symbolischer (Formel), numerischer (berechneter Zellenwert) und grafischer (Diagramm) Darstellungsweisen. Sie visualisiert zudem funktionale Zusammenhänge. Folglich können Tabellenkalkulationsprogramme Verständnis für die Zusammenhänge und die Einsicht in die Struktur der Formeln verbessern (vgl. Eischenbroich 2011: 219). Das algorithmische Denken wird bei dem Einsatz gefördert. Eine Tabellenkalkulation kann man bei einfachen Diagrammen, Funktionsgleichungen, Schaubildern und Parametern einsetzen. Dazu gehören auch affine Bilder, Auswirkungen veränderter Parameter und Ortkurven. Ebenso bei der Modellbildung, wie lineare, exponentielle, beschränkte und logistische Wachstumsvorgänge. Auch bei linearen Gleichungssystemen eignet sich der Einsatz dieser Software. Im Bereich der Wahrscheinlichkeitsrechnung und Näherungsverfahren wie Interallhalbierung, Heron-Verfahren, Newton-Verfahren, können Tabellenkalkulationsprogramme sinnvoll eingesetzt werden (vgl. lehrerfortbildung-bw o.J.).

Computeralgebrasysteme (im Folgenden CAS) gehören inzwischen auch zu den gebräuchlichen Werkzeugen des Mathematikunterrichts. Derive, Maple, Mathematics, MuPAD, Mathcad und Livemath zählen zu den CAS. Sie erweitern den Taschenrechner um das Rechnen mit Variablen, in dem sie symbolische Operationen und Rechnungen ermöglichen. Sie entlasten damit von Umformungen und Berechnungen, wodurch der mathematische Kern eindeutig in Erscheinung treten kann (vgl. Eschenbroich 2011: 213, 215). Der Einsatz von CAS führt zur Initialisierung von Denkprozessen und ermöglicht neue didaktisch-methodische Dimensionen. So werden SuS zum Denken angeregt. Es wird an sie appelliert, sich aktiv am Unterricht zu beteiligen. Anhand von CAS lässt sich das Erfassen von Problemen, das Formulieren von Fragen, das Finden von Lösungsansätzen, das Verstehen von Algorithmen, das Interpretieren von Resultaten und das Begründen ihrer Richtigkeit bzw. ihrer Eignung einfacher ins Mittelpunkt des Unterrichts lenken (vgl. Oppermann o.J.). CAS können unter anderem in der Algebra und Funktionenlehre eingesetzt werden, um Terme zu vereinfachen, zu faktorisieren, auszumultiplizieren und zu vergleichen. Ebenso können sie dazu verwendet werden, Gleichungen und Gleichungssysteme zu lösen und verschiedene Graphen und auch Punktdiagramme zeichnen zu lassen (vgl. isb: 15).

Dynamische-Geometrie-Software (im Folgenden DGS) wie Euklid-DynaGo, Cabri II, Cinderella, GeONExT, Geolog bieten neue Möglichkeiten für den Geometrieunterricht. DGS ragt sich vor allem durch den Zugmodus und das Zeichnen von Ortslinien heraus und eröffnet somit eine neue Welt, geometrische Zusammenhänge und Sätze darzustellen sowie entdecken zu können. Folglich wird auch das Beweislernen verständlicher und interessanter gestaltet und selbstständiges Arbeiten sowie entdeckendes Lernen rücken in den Vordergrund. Dabei soll DGS kein Ersatz für den Umgang mit

Zirkel, Lineal, Papier und Schere sein, sondern es eher bereichern und fortführen. DGS kann im Unterricht genutzt werden, um geometrische Zusammenhänge wie beispielsweise besondere Punkte im Dreieck zu erkennen und zu begreifen, ebenso Vermutungen aufzustellen und auch zu begründen. Zudem eignet sich DGS auch beim experimentellen Arbeiten, bei der Behandlung von Funktionen und auch beim Erkennen von Abhängigkeiten innerhalb von Konstruktionen und von Parametern (vgl. lehrerfortbildung-bw o.J.).

3. Medieneinsatz im Mathematikunterricht

Der Medieneinsatz bzw. der Computereinsatz im Mathematikunterricht ist weder Selbstzweck noch bedenkenlos lernförderlich. Es ist sinnvoll vor dem Medieneinsatz (Computereinsatz) sich die Frage zu stellen, ob der Computereinsatz etwas zum Erreichen der jeweils verfolgten Inhaltsziele des Unterrichts beiträgt und welchem Zweck es dienen soll. Es sollten erst die Ziele des Einsatzes festgesetzt und dann die entsprechenden Medien ausgewählt werden. Danach ist es wichtig zu entscheiden, welcher Zeitpunkt der richtige für den Einsatz ist. Grundsätzlich kann der Computer in jeder Unterrichtsphase eingesetzt werden. Der Zeitpunkt des Einsatzes ist lediglich abhängig vom jeweils verfolgten Ziel. Die Frage, wer das Medium bedienen soll bzw. in welchen Sozialformen er genutzt werden soll, muss ebenfalls geklärt werden. Wenn es darum geht, Lernenden eine grundlegende mathematische Idee neu zu vermitteln oder die Ergebnisse zusammenzufassen und in Beziehung zur Mathematik zu setzen, eignet sich das Unterrichtsgespräch. Das Medium wird dann von der Lehrperson bedient. Aber wenn es darum geht, mathematische Zusammenhänge zu erkunden, Problemaufgaben zu lösen oder Begriffe und ihre Eigenschaften zu erforschen, dann bietet sich hier experimentelles Arbeiten an. Das Medium wird hierbei von den SuS bedient. Dabei kann in Einzelarbeit, Partnerarbeit oder Gruppenarbeit gearbeitet werden. Der Vorteil bei einer Einzelarbeit ist, dass SuS nach eigenem Lerntempo und eigenen Interessen arbeiten können. Nachteil ist, dass jede SuS dafür ein eigenes Gerät benötigt. Der inhaltliche Austausch, also die Kommunikation, die zu einer vertieften Reflexion führen kann, fehlt letztendlich auch. In Partner- oder Gruppenarbeit ist das nicht der Fall. Zudem werden weniger Geräte benötigt als bei Einzelarbeit. Nur ist es wichtig, innerhalb der Gruppe klare Rollen zu definieren, wie die des Akteurs, Moderators, Schriftführers und Zeitwächters. Sind in einer Gruppe weniger als vier SuS, dann können diese zwei Rollen übernehmen. Falls die Arbeitsphasen über einen längeren Zeitraum geplant sind, können die Rollen auch getauscht werden (vgl. Roth 2017: 35-37).

3.1 – Geometrie

Im Folgenden wird an einigen Beispielen gezeigt, welche Medien im Bereich der Geometrie zu welchen Zeitpunkten einer Unterrichtsreihe angewendet werden können. Das Thema der Unterrichtsreihe sind dabei Dreiecke (Jahrgangsstufe sieben). Der Aufbau der Unterrichtsreihe könnte folgendermaßen aussehen:

1) Dreiecksformen
2) Winkelsumme im Dreieck
3) Dreiecke konstruieren
4) Kongruenzsätze
5) Winkelbeziehungen untersuchen
6) Besondere Linien im Dreieck (vgl. Emde et al. 2015)

Beispiele zu allen Unterrichtsstunden dieser Unterrichtsreihe zu geben, würde den Rahmen dieser Seminararbeit sprengen. Im Folgenden wird deshalb der Einsatz von Medien bei „Winkelsumme im Dreieck" und „besondere Linien im Dreieck" demonstriert.

3.1.1 – Winkelsumme im Dreieck

Wie oben schon erwähnt, sollte vor jedem Medieneinsatz erst das Ziel des Einsatzes festgelegt werden. Wenn das Thema „Winkelsumme im Dreieck" noch nicht behandelt wurde, könnte eine Aufgabe zur Erkundung eingesetzt werden. Das Unterrichtsziel wäre zu erkennen, dass die Winkelsumme in jedem beliebigen Dreieck 180° beträgt. Es würde sich das experimentelle Arbeiten anbieten, da Begriffe und ihre Eigenschaften erkundet werden. Dazu eignet sich das Arbeiten mit einer DGS, denn anhand der DGS wie GeoGebra ist es sehr leicht, Winkelbeziehungen zu untersuchen. Vor allem durch den Zugmodus kann die Figur, in unserem Fall ein beliebiges Dreieck, dynamisch variiert und verändert werden. Für SuS ist es auf diese Weise möglich, selbstständig zu erkunden, dass unabhängig von der Form des Dreiecks die Innenwinkelsumme immer 180° ergibt. Das entdeckende Lernen wird mit dem Einsatz von DGS gefördert.

Eine mögliche Aufgabenstellung dazu könnte lauten: *„Berechne die Winkelsumme im Dreieck. Verändere die Figur und berechne sie wieder. Was beobachtest du?"* Diese Aufgabe könnte dann in Partnerarbeit oder falls genügend Rechner vorhanden sind, auch in Einzelarbeit durchgeführt werden. Dabei können Fokussierungshilfen so eingebaut werden, dass die Konstruktion vollständig vorgegeben ist. SuS können dann ihre Konzentration eher auf Analyse- und Argumentationsprozesse richten (vgl. Roth 2008: 133f.). SuS, die mit DGS gut umgehen können und leistungsstärker sind, könnten zunächst ein beliebiges Dreieck selbst konstruieren und dann die Winkelsummen des selbst konstruierten Dreiecks erkunden. Ein weiteres Ziel im Bereich „Winkelsumme im Dreieck" könnte sein, fehlende Winkelmaße mit dem Winkelsummensatz zu berechnen. Die Voraussetzung dafür ist, dass die SuS den Winkelsummensatz schon kennen, bzw. erkundet haben.

3.1.2 – Besondere Linien im Dreieck

Das Thema „Besondere Linien im Dreieck" wird meistens am Ende der Unterrichtsreihe behandelt, da die vorigen Themen für das Verständnis der besonderen Linien im Dreieck vorausgesetzt werden. Dies wird insbesondere dann vorausgesetzt, wenn die Konstruktion von den SuS selbst durchgeführt werden soll. Im Allgemeinen handelt es sich hierbei um die Konstruktion des Höhenschnittpunktes, Schwerpunktes, Umkreismittelpunktes und den Inkreismittelpunktes. In der Schule werden alle dieser besonderen Linien im Dreieck behandelt. Im Folgenden wird der Einsatz von geeigneten Medien bei der Konstruktion des Höhenschnittpunktes gezeigt.

Wenn dieses Thema noch nicht behandelt wurde, könnte eine Aufgabe zum Erkunden mit dem Ziel eingeführt werden, selbstständig Zusammenhänge in einer Figur zu finden und zu verstehen. Die Aufgabe dazu könnte im Hinblick auf den Einsatz einer DGS folgendermaßen lauten: „Verändere das Dreieck, indem du die Eckpunkte verschiebst und beobachte dabei die Lage des Höhenschnittpunktes H

- *Unter welchen Bedingungen kann H auch außerhalb des Dreiecks liegen?*
- *Kann H genau auf einer Dreiecksseite liegen? Für welchen Spezialfall ist das möglich?"*

Da es in diesem Fall um die Erkundung mathematischer Zusammenhänge geht, bietet sich hier ebenfalls das experimentelle Arbeiten mit einer DGS (z.B. GeoGebra) an. Die DGS eignet sich zum selbstständigen Erschließen geometrischer Zusammenhänge, wodurch das entdeckende Lernen gefördert wird. Die Bildung eigener Hypothesen, wird durch die dynamische Veranschaulichung erleichtert. Es wird durch den Einsatz des DGS ermöglicht, Zusammenhänge eindrucksvoll zu visualisieren. Optional könnten die SuS in Gruppen arbeiten, um sich inhaltlich über Erkenntnisse auszutauschen und gemeinsam Hypothesen zu bilden und zu überprüfen. Dadurch sollen die Kenntnisse über besondere Eigenschaften von Dreiecken, also den besonderen Linien, in unserem Fall dem Höhenschnittpunkt vertieft werden. Die Konstruktion kann hier ebenfalls vorgegeben werden, damit die Konzentration mehr auf die Analyse- und Argumentationsprozesse gerichtet wird. Leistungsstärkere SuS könnten hier die Konstruktion selbst erstellen. Für die Sicherungsphase könnten die SuS in einem Kurzaufsatz beschreiben, was sie über den Höhenschnittpunkt gelernt haben.

Anhand von DGS werden die besonderen Linien im Dreieck nicht mehr isoliert betrachtet. Im Zugmodus kann man beim Verändern des Dreiecks feststellen, dass der der Höhenschnittpunkt H innerhalb des Dreiecks liegt, wenn das Dreieck spitzwinklig ist. Ist das Dreieck stumpfwinklig so liegt H außerhalb des Dreiecks. H kann auch genau auf einer Dreiecksseite liegen, wenn das Dreieck rechtwinklig ist. Die DGS ermöglicht einfache Visualisierungen durch dynamische Bilder und schafft so tiefere Einsichten in mathematische Zusammenhänge, die ohne diese Software nicht möglich wäre (vgl. Barzel & Weigand 2008: 9). Die anderen besonderen Linien im Dreieck wie der Schwerpunkt, der Umkreismittelpunkt und der Inkreismittelpunkt können analog zum Höhenschnittpunkt mit der DGS untersucht und erkundet werden.

Natürlich kann eine DGS auch zu anderen Zeitpunkten der Unterrichtsreihe angewendet werden, nicht nur in den gegebenen Beispielen. Beispiele zu allen. Die beiden vorgestellten Beispiele sollten nur einen Einblick in die Welt der DGS schaffen und tiefere Einsichten in mathematische Zusammenhänge ermöglichen, mit der Hoffnung, dass digitale Medien in der Zukunft mehr Anwendung im Mathematikunterricht finden.

3.2 – Funktionenlehre

Der Medieneinsatz in der Funktionenlehre kann sich wie in der Geometrie je nach Unterrichtsreihe und Unterrichtsziel unterscheiden. In diesem Kapitel werden einige exemplarische Beispiele angeführt, die den sinnvollen Medieneinsatz in einer Unterrichtsstunde der Funktionenlehre behandeln. Die gewählte Unterrichtsreihe der Funktionenlehre sind lineare Funktionen. Die Unterrichtsreihe könnte folgendermaßen aufgebaut werden:

1) Graph
2) Steigung, durchschnittliche Steigung
3) Lineare Zuordnung
4) Termdarstellung
5) Schnittpunkt bestimmen (vgl. Emde et al. 2015)

Im Folgenden wird auf das Thema „Schnittpunkt bestimmen" näher eingegangen. Natürlich ist es auch möglich, Medien zu anderen Zeitpunkten bzw. Unterrichtsstunden einzusetzen. ieses Thema eignet sich jedoch besonders gut, weil es am Ende der Unterrichtsreihe angesetzt wird und sich mehr Möglichkeiten für den Medieneinsatz anbieten.

Für dieses Vorhaben wurde eine Beispielaufgabe ausgewählt, die drei verschiedene Lösungswege beinhaltet. Anhand der verschiedenen Lösungswege kann der Einsatz von drei unterschiedlichen Medien bei gleichbleibendem Ziel aufgezeigt werden. Das Ziel dabei ist das Übersetzen einfacher Realsituationen in mathematische Modelle. Die Aufgabe dafür lautet:

„Ein Gepard hat eine Gazelle erspäht und als Beutetier ausgewählt. Die Jagd kann ihm nur dann gelingen, wenn er die Gazelle auf seinen ersten 600 m erreicht, sonst macht er schlapp und sie kann wegrennen. Du kannst zunächst einmal annehmen, dass der Gepard mit 90 km/h (=25 m/s) und die Gazelle mit 54 km/h (=15 m/s) rennt. Die Geschwindigkeiten stehen damit im Verhältnis 5:3. Der Gepard sprintet los, als er sich bis auf 300 m an die Gazelle angeschlichen hat. Beide rennen hintereinander auf einer Geraden.

Wann und wo wird er sie einholen? Hat die Gazelle eine Chance?" (vgl. Schmidt & Barzel 2008: 37).

Diese Problemlöseaufgabe eignet sich bestens für das produktive Üben. Hierbei bietet sich das experimentelle Arbeiten besonders gut an. Das Ganze kann in einer Partnerarbeit gestaltet werden. Da hier die Kommunikation sehr wichtig ist, ist die Einzelarbeit nicht sehr empfehlenswert. Wie oben schon erwähnt, kann die Aufgabe auf drei verschiedenen Wegen gelöst werden, nämlich geometrisch, numerisch und symbolisch.

3.2.1 – Der geometrische Lösungsweg

Der geometrische Lösungsweg erfolgt durch die DGS. Dafür können verschiedene Programme wie Cinderella, GeoGebra etc. benutzt werden. Für die Lösung dieser Aufgabe wurde GeoGebra angewendet. Dafür wurde die Situation in die DGS GeoGebra übertragen. Zuerst wurde eine Gerade gezeichnet und dann zwei Punkte gesetzt, um den Startpunkt der Gazelle und des Gepards zu kennzeichnen, wobei der Abstand zwischen den beiden Punkten 300 betragen sollte. Da die Geschwindigkeit ein Verhältnis von 5:3 aufweist, gilt dies auch für die Längen. Dazu könnte eine Hilfsstrecke (Vektor) gezeichnet werden. Diese sollte durch acht geteilt und dann jeweils auf den Geparden (fünf Teile) und auf die Gazelle (drei Teile) übertragen werden. Anschließend sollte jeweils ein Kreis vom Startpunkt aus bis zu den übertragenen Teilen gezogen werden. Wenn nun an der Hilfsstrecke gezogen wird, kann die Jagd durchgeführt werden. Der Schnittpunkt der beiden Kreise stellt das Ende der Jagt dar. Die Gazelle kann erst nach 750 "Metern" eingeholt werden, was in unserem Fall bedeutet, dass die Gazelle dem Gepard entkommen kann (siehe Anhang: Gazellenjagd DGS). Diese anschauliche, dynamische Lösung über eine DGS verrät nicht nur, wann der Gepard die Gazelle einholt, sondern zeigt auch den Verlauf der Jagd. Folglich wird das bewegliche Denken unterstützt und das Gedächtnis nicht mehr so stark belastet. Dadurch kann die Konzentration eher auf Interpretation, Analyse und Argumentation der Lösung gelenkt werden. Ein weiterer Vorteil dieser Darstellung ist nicht nur, dass sie sehr anschaulich ist, sondern auch, dass andere Situationen zur Veranschaulichung und Vertiefung modelliert werden können. Abwandlungen können dann schnell und einfach durch die DGS dargestellt und beobachtet werden. Ein Beispiel für eine Abwandlung wäre, dass die Gazelle nicht direkt vom Geparden wegrennt, sondern sich in eine andere Richtung bewegt während der Gepard sich immer zur Gazelle ausrichtet.

3.2.2 – Der numerische Lösungsweg

Mithilfe einer TK, in diesem Beispiel Excel, kann die Aufgabe auch numerisch gelöst werden. Anhand einer Tabelle kann berechnet werden, wie weit die Tiere gerannt sind und welchen Abstand sie zueinander haben. Dazu müssen die Daten Zeit in Sekunden, zurückgelegte Strecken (Gepard und Gazelle) in Metern und der Abstand in Metern in die Zellen eingetragen werden. Die Geschwindigkeit in m/s für den Gepard sowie für die Gazelle, als auch die Entfernung am Anfang in Metern sind für diese Berechnung wichtige Informationen und werden daher ebenfalls in die Zellen eingetragen. Die zurückgelegte Strecke vom Gepard kann in Metern ermittelt werden, indem die Geschwindigkeit in m/s mal die Zeit in s, also *zurückgelegte Strecke in m = 25 m/s • Zeit in s* berechnet wird. Die Formel für die Berechnung der zurückgelegten Strecke der Gazelle ist wiederum fast wie die des Gepards. Sie unterscheidet sich nur durch die Geschwindigkeit, da die Gazelle 15 m/s zurücklegen kann. Sie lautet *zurückgelegte Strecke in m = 15 m/s • Zeit in s*. Ferner kann der Abstand in Metern berechnet werden, indem die Entfernung am Anfang (300 m) zu der Differenz der zurückgelegten Strecke der Gazelle vom Geparden addiert wird; *Abstand in m = 300 + zurückgelegte Strecke (Gepard – Gazelle)*. Bci dem Einsatz von Excel müssen diese Formeln nicht jedes Mal neu angegeben werden, sondern können durch Kopierbefehle in die anderen Zellen übertragen werden. Anhand der Tabelle kann dann festgestellt werden, dass nach 600 Metern der Abstand zur Gazelle nur 60 Metern beträgt und die Gazelle somit dem Gepard entkommen kann (siehe Anhang: Gazellenjagd TK).

Die Tabelle in Excel bietet einen guten Überblick. Die Informationen sind sehr gut geordnet und können direkt abgelesen werden. Somit kann nicht nur gezeigt werden, zu welchem Zeitpunkt und nach wie vielen Metern der Gepard die Gazelle eingeholt hat, sondern auch wie der Anstand zu unterschiedlichen Zeitpunkten aussieht. Durch die Anwendung der Formeln werden Berechnungen im Handumdrehen durchgeführt. Daten können schnell geändert werden und die Berechnung erfolgt durch die interaktive Zellenverknüpfung automatisch, was sehr zeitökonomisch ist. Beispielsweise kann hier mit unterschiedlichen Geschwindigkeiten und Anfangsabständen gearbeitet und experimentiert werden. Dabei wird kaum Zeit verschwendet.

3.2.3 – Der symbolische Lösungsweg

Neben der geometrischen und numerischen Lösung, gibt es noch den symbolischen Lösungsweg mit CAS. Dafür muss für jedes Tier ein Funktionsterm für die in einer bestimmten Zeit zurückgelegten Strecke aufgestellt werden. Mithilfe von GeoGebra, dem sogenannten Allrounder (MRS) oder auch anderen Programmen wie Maple, MuPAD etc. ist es möglich diese Situation symbolisch darzustellen. Dabei kann die Aufgabe mit CAS auf zwei verschiedenen Varianten gelöst werden. Die erste Möglichkeit ist, die Graphen der beiden Funktionen zeichnen zu lassen. Dazu muss zuerst der Funktionsterm für die Gazelle sowie für den Gepard aufgestellt werden. In den Unterrichtsstunden davor wurde unter anderem die Termdarstellung behandelt, so dass die SuS den Ausdruck *Anfangswert + Steigung • x* kennen und ihr Wissen auf diese Aufgabe übertragen und somit den Term für die beiden Tiere aufstellen können. Da der Gepard 25 m/s rennt lautet der Term für den Gepard: *25 • x*. Die Variable x stellt dabei die Zeit in Sekunden dar. Da die Gazelle nur 15 m/s rennt und einen Abstand von 300 Metern zum Gepard hat, lautet dieser *300 + 15 • x*. Nachdem die beiden Terme aufgestellt worden sind, muss man diese nur noch mit CAS zeichnen lassen. Diese beiden Graphen schneiden sich an einem Punkt. Der Schnittpunkt der Graphen gibt an, zu welcher Zeit und nach wie vielen Metern die Gazelle eingeholt wird. Um den Schnittpunkt bestimmen zu können, kann man den Befehl *schneide (f, g)* eingeben und erhält dann die Koordinaten (30,750) (siehe Anhang: CAS; Graph). Somit wird deutlich, dass der Gepard die Gazelle nach 30 Sekunden eingeholt und dabei 750 Meter zurückgelegt hat, wodurch die Gazelle entkommen konnte. Die andere Möglichkeit ist, eine Gleichung aufzustellen und diese dann anschließend zu lösen. Da für jedes Tier der Funktionsterm schon beim ersten Lösungsweg aufgestellt wurde, braucht dieser Vorgang nicht wiederholt zu werden. Durch den Befehl *solve* werden die beiden aufgestellten Gleichungen dann anschließend gelöst, indem sie gleichgesetzt werden. Dadurch erhalten wir den x-Wert. Den y-Wert erhält man, indem der x-Wert in einer der Ausgangsgleichungen eingesetzt wird (siehe Anhang: Gazellenjagd CAS; Gleichung).

Auch hier ist es möglich, den Anfangsabstand und die Geschwindigkeit zu verändert. Dazu muss nur der Term umgestellt werden. Zudem ermöglicht der Befehl *solve*, jede erdenkliche Gleichung schnell zu lösen. Mit dem CAS sind die Graphen schnell erstellt und die Eigenschaft kann gut identifiziert werden. Der Zusammenhang zwischen Funktionsterm und Graphik ist auch direkt beobachtbar. Ohne CAS wären Zeichnungen und auch das Lösen von Gleichungen im Allgemeinen deutlich zeitaufwändiger.

4. Risiken beim Computereinsatz im Mathematikunterricht

Der Einsatz von digitalen Medien ist ebenso mit Risiken und Gefahren verbunden. Durch den Einsatz von CAS besteht zum Beispiel die Gefahr, dass nicht nur händische Fertigkeiten verlernt werden, sondern auch andere Fertigkeiten wie das Anwenden von Formeln, das Lösen von Gleichungen oder auch das Zeichnen von Graphen verlernt werden können. Es ist daher wichtig, zwischen rechnerfreien Fertigkeiten, wie das Kopfrechnen oder das Basiswissen und CAS-Fertigkeiten zu unterscheiden (vgl.

Barzel & Weigand 2008: 7). Fehlerhafte Vorstellungen können z.b. dadurch entstehen, wenn SuS beispielsweise mit CAS verschiedene Graphen erschaffen, jedoch den Blick für übergeordnete Strukturen verlieren. Wenn aber SuS die Graphen erzeugen, um einer gezielten Untersuchungsfrage auf den Grund zu gehen, wird das Lernen vertieft. Dementsprechend ist es sinnreich, wie schon Barzel und Weigand erwähnt haben, den Computer an bestimmten Bereichen nicht einzusetzen und später gemeinsam zu reflektieren, warum der Rechner erst später eingesetzt wurde (vgl. Pallack 2015: 5).

Ein weiteres Problem bzw. Risiko stellt die Glaubwürdigkeit gegenüber dem Rechner dar. Der Computer kann nur eine endliche Menge an Fakten speichern und verarbeiten. Beim Rechnen und Zeichnen kann es daher dazu kommen, dass der Rechner an seine Grenzen stößt. Beispielsweise bei Konstruktionsaufgaben werden Parabeln und Geraden mit einer DGS „treppenartig" dargestellt. Für SuS kann dies zu Irritationen führen, falls sie die Inhalte noch nicht kennen und es so annehmen. Anselm Lambert hat bei SuS beobachten können, dass SuS beispielshalber, die mit den Graphen zu linearen Funktionen vertraut sind die Geraden als korrekte Linien wahrnehmen und es auch so abzeichnen, obwohl der Rechner die Gerade treppenartig darstellt. Der Graph zu quadratischen Funktionen aber, wird von manchen SuS treppenförmig wahrgenommen und diese auch so abgezeichnet. Daher ist es wichtig, dass die Begrenztheit der Darstellung im Unterricht thematisiert und ebenso kritisch reflektiert wird (vgl. ebd.: 8).

Der Einsatz vom Computer sollte richtig durchdacht sein. Das Potenzial eines Mediums hängt von der Art und Weise ab, wie es im Unterricht integriert wird. Der Computereinsatz verlangt dabei eine Umorientierung des Unterrichts. Denn sie beansprucht neue Aufgabenformate, die das produktive üben fördern, indem sie das Verstehen vertiefen. Diese sollten mit und ohne den Computereinsatz zu lösen sein. Zudem sollte der Rechner als ein Werkzeug angesehen und auch so benutzt werden, um das Denken zu unterstützen und nicht um es abzunehmen (vgl. ebd.).

5. Fazit

Das Ziel dieser Seminararbeit war es zu zeigen, warum der Medieneinsatz den Mathematikunterricht bereichert und wie digitale Medien effektiv im Unterricht genutzt werden können. Dafür war zunächst der Begriff digitale Medien zu klären, sowie die relevantesten Merkmale und Charakteristika darzustellen.

Der Einsatz von digitalen Medien sollte durchdacht sein, denn es geht um den sinnvollen Einsatz der gewinnbringend sein soll. Medien im Mathematikunterricht sind dafür da, um den Lehr- und Lernprozess zu erleichtern und den Lernenden Mathematik besser zu vermitteln. Sie sind Werkzeuge die das Denken unterstützen und nicht das Denken übernehmen. Natürlich ist der Medieneinsatz auch mit Problemen verbunden, die zu umgehen sind, wenn die Absicht des Einsatzes dabei verfolgt wird.

Bevor irgendein Medium überhaupt zum Einsatz kommt, muss zuerst das Ziel definiert und demnach das richtige Medium für das Vorhaben eingesetzt werden. Die Beispiele aus der Geometrie und der Funktionenlehre sollten zeigen, dass bei der Planung der Unterrichtsreihe der Medieneinsatz auf die Lerninhalte abgestimmt werden muss und wie unterschiedliche Medien an unterschiedlichen Zeitpunkten einer Unterrichtsreihe eingesetzt werden können, die jeweils andere Vorteile mit sich bringen. Zudem sollten sie verdeutlichen wie gewinnbringend der sinnvolle Medieneinsatz im Mathematikunterricht sein kann. Denn dadurch wird nicht nur das entdeckende Lernen unterstützt, sondern inhaltsbezogene als auch prozessbezogene Kompetenzen, wie z.B. das Erkennen von Muster und Beziehungen, gefördert.

6. Quellenverzeichnis

- Barzel, Bärbel & Weigand, Hans-Georg (2008): Medien vernetzen, in: mathematik lehren, Heft 146.

- Bescherer, Christine; Vogel, Rose (2002), in: Herget, Wilfried [Hrsg.]: Medien verbreiten Mathematik. Proceedings; vom 28. bis 30. September 2001 in Dillingen. Hildesheim [u.a.]: DiVerl. Franzbecker.

- Elschenbroich, Hans-Jürgen (2001): Lehren und Lernen mit interaktiven Arbeitsblättern. Dynamik als Unterrichtsprinzip, in: Herget, Wilfried [Hrsg.]: Lernen im Mathematikunterricht mit neuen Medien. ... vom 22. bis 24. September 2000 in Soest. Hildesheim [u.a.]: Franzbecker.

- Emde, Christel, Kietzmann, Udo, & Böer, Heinz. (2005): Mathe live. Mathematik für Gesamtschulen. 7, [Schülerbd.] (1. Aufl., [Nachdr.] ed.). Stuttgart [u.a.]: Klett.

- Girwidz, Raimund (2015): Medien im Physikunterricht. Die klassischen Medien, in: Kircher, Ernst, Girwidz, Raimund, & Häußler, Peter: Physikdidaktik. Theorie und Praxis (3. Aufl. ed.). Berlin [u.a.]: Springer Spektrum.

- Heintz, Gaby (2011): Selbstständiges Lernen in einer medialen Lernumgebung. „Interaktive Arbeitsblätter" als Computer-Lernumgebung, in: Leuders, Timo [Hrsg.]: Mathematik-Didaktik. Praxishandbuch für die Sekundarstufe I und II (6. Aufl. ed.). Berlin: Cornelsen Scriptor.

- Leuders, Timo (2011): Mit neuen Medien Lernen. Chancen und Risiken des Computereinsatzes im Mathematikunterricht, in: Leuders, Timo [Hrsg.]: Mathematik-Didaktik. Praxishandbuch für die Sekundarstufe I und II (6. Aufl. ed.). Berlin: Cornelsen Scriptor.

- Pallack, Andreas (2015): Digitale Medien nutzen, in: mathematik-lehren, Heft 189.

- Retterath, Katalin (2015): Kleines Tool mit großer Wirkung. LeraningApps im Mathematikunterricht, in: mathematik-lehren, Heft 189.

- Roth, Jürgen (2008): Dynamik von DGS – Wozu und wie sollte man sie nutzen?, in: Ulrich Kortenkamp, Hans-Georg Weigand, Thomas Weth (Hrsg.): Informatische Ideen im Mathematikunterricht. Bericht über die 23. Arbeitstagung des Arbeitskreises "Mathematikunterricht und Informatik" in der Gesellschaft für Didaktik der Mathematik e. V. vom 23. bis 25. September 2005 in Dillingen an der Donau, Verlag Franzbecker, Hildesheim, 2008, S. 131-138

- Schmidt, Ulla; Barzel, Bärbel (2008): Mathe-Welt. Den Rechner clever nutzen. Einstieg in die Arbeit mit neuen Medien. Eine Aufgabe – drei Lösungswege, in: mathematik lehren, Heft 146.

- Petko, Dominik (2014): Einführung in die Mediendidaktik. Lehren und Lernen mit digitalen Medien. Weinheim [u.a.]: Beltz.

- Wittmann, Gerald (2001): Tabellenkalkulation in der Sekundarstufe I: Darstellen, Interpretieren und funktionales Denken, in: Herget, Wilfried [Hrsg.]: Lernen im Mathematikunterricht mit neuen Medien. ... vom 22. bis 24. September 2000 in Soest. Hildesheim [u.a.]: Franzbecker.

Internetquellen

- O.V.: Neue Medien im Mathematikunterricht. Tabellenkalkulation, unter: https://lehrerfortbildung-bw.de/u_matnatech/mathematik/gym/weiteres/nm/tabkalk/tabkalk_1.html, (abgerufen am 16.02.2018).
- O.V.: Neue Medien im Mathematikunterricht. Dynamische Geometrie, unter: https://lehrerfortbildung-bw.de/u_matnatech/mathematik/gym/weiteres/nm/tabkalk/tabkalk_1.html, (abgerufen am 16.02.2018).
- O.V.: Computeralgebrasysteme (CAS) im Mathematikunterricht des Gymnasiums, unter: https://www.isb.bayern.de/download/8237/cas_mathematik_gymnasium.pdf, (abgerufen am 16.02.2018).
- Oppermann, Frank: CAS-Einsatz im Mathematikunterricht, unter: http://bildungsserver.berlin-brandenburg.de/index.php?id=cas-einsatz (abgerufen am 16.02.2018)
- Roigk, Sandy: „Medien im Unterricht. Was gab es? Was gibt es? Was wird es geben?", unter: http://fue-wiki.tubit.tu-berlin.de/lib/exe/fetch.php/lehrveranstaltungen:leitbilder:ausarbeitung_sandy_roigk.pdf, (abgerufen am 14.02.2018).

Anhang

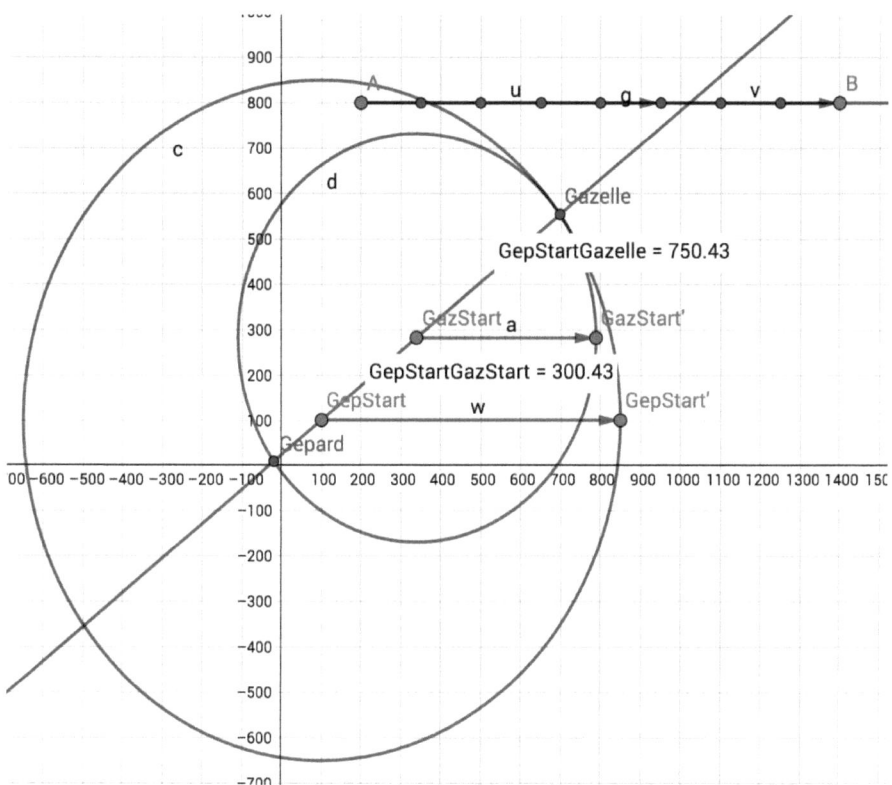

Gazellenjagd DGS, Quelle: eigene Darstellung durch GeoGebra

Die Gazellenjagd

	A	B	C	D	E	F	G

Geschwindigkeit in m/s   Entfernung am Anfang

Gepard   25   in m

Gazelle   15   300

Zeit in s	zurückgelegte Strecken in m		Abstand in m
	Gepard	Gazelle	
0	0	0	300
1	25	15	290
2	50	30	280
3	75	45	270
4	100	60	260
5	125	75	250
6	150	90	240
7	175	105	230
8	200	120	220
9	225	135	210
10	250	150	200
11	275	165	190
12	300	180	180
13	325	195	170
14	350	210	160
15	375	225	150
16	400	240	140
17	425	255	130
18	450	270	120
19	475	285	110
20	500	300	100
21	525	315	90
22	550	330	80
23	575	345	70
24	600	360	60	Die Gazelle kann entkommen!
25	625	375	50
26	650	390	40
27	675	405	30
28	700	420	20
29	725	435	10
30	750	450	0

Gazellenjagd TK, Quelle: eigene Darstellung durch Excel

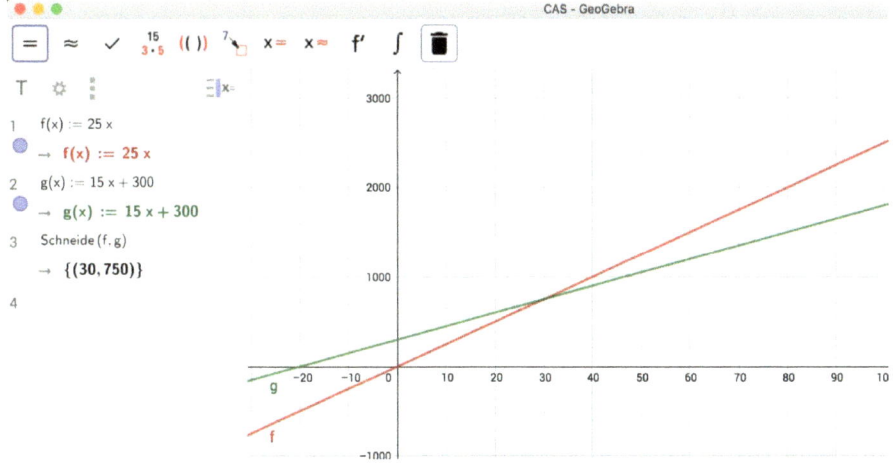

CAS; Graph, Quelle: eigene Darstellung durch GeoGebra - CAS

1 $f(x) := 25\,x$

   $\rightarrow$ $f(x) := 25\,x$

2 $g(x) := 15\,x + 300$

   $\rightarrow$ $g(x) := 15\,x + 300$

3 $\text{solve}\,(f(x) = g(x))$

   $\rightarrow$ $\{x = 30\}$

4 $f(30)$

   $\rightarrow$ 750

5 $g(30)$

   $\rightarrow$ 750

CAS; Gleichung, Quelle: eigene Dasrtellung durch GeoGebra - CAS

BEI GRIN MACHT SICH IHR WISSEN BEZAHLT

- Wir veröffentlichen Ihre Hausarbeit, Bachelor- und Masterarbeit

- Ihr eigenes eBook und Buch - weltweit in allen wichtigen Shops

- Verdienen Sie an jedem Verkauf

Jetzt bei www.GRIN.com hochladen
und kostenlos publizieren